BEI GRIN MACHT SICH IHR WISSEN BEZAHLT

- Wir veröffentlichen Ihre Hausarbeit,
  Bachelor- und Masterarbeit

- Ihr eigenes eBook und Buch -
  weltweit in allen wichtigen Shops

- Verdienen Sie an jedem Verkauf

Jetzt bei www.GRIN.com hochladen
und kostenlos publizieren

Wiebke Gelder

Das Auge und die optische Abbildung

GRIN Verlag

Bibliografische Information der Deutschen Nationalbibliothek:

Die Deutsche Bibliothek verzeichnet diese Publikation in der Deutschen National-
bibliografie; detaillierte bibliografische Daten sind im Internet über http://dnb.d-
nb.de/ abrufbar.

Impressum:

Copyright © 2005 GRIN Verlag GmbH
Druck und Bindung: Books on Demand GmbH, Norderstedt Germany
ISBN: 978-3-640-39792-1

Dieses Buch bei GRIN:

http://www.grin.com/de/e-book/132991/das-auge-und-die-optische-abbildung

7. Februar 2005

Hausarbeit zum Thema

„Das Auge und die optische Abbildung"

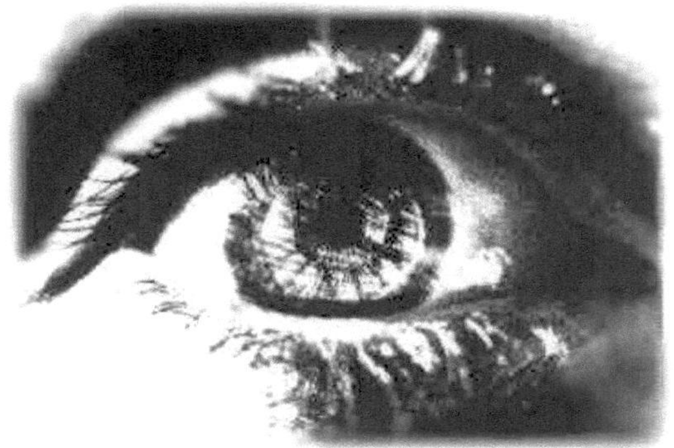

aus www.mandala-art.de

Wiebke Timmer
Matrikelnr. 1526118
E-Mail: fredderelch@gmx.de

Inhaltsverzeichnis

Das Auge und die optische Abbildung

Der Akt des Sehens ist ein hoch komplizierter Prozess, der an vielen Stellen gestört werden kann. Auf den folgenden Seiten wird auf den Aufbau und die Bestandteile des Auges sowie die physikalischen Grundlagen des Sehens eingegangen. Außerdem werden Fehlsichtigkeiten und deren Korrektur betrachtet. Abschließend werden zusätzlich räumliches Sehen und Farbensehen erläutert.

Das menschliche Auge nimmt unzählige Farben wahr, erkennt Gegenstände noch in mehreren Kilometern Entfernung und reagiert bereits auf ein einzelnes Photon (Lichtquant). Durch größte Reichweite und Adaptionsfähigkeit zeichnen die Augen sich unter den Sinnesorganen aus. Sie sind sogar durch einen eigenen Bewegungsapparat selbstbeweglich und zielgerichtet. Das menschliche Auge stellt, nicht nur physikalisch betrachtet, ein kompliziertes (optisches) System dar. Es wird sich zeigen, dass das Auge ein faszinierendes Beispiel dafür ist, wie die Natur die vorgegebenen physikalischen Bedingungen optimal ausnutzt.

Das Auge ist vielleicht sogar der wichtigste Informationskanal zwischen dem Menschen und seiner Umwelt. (verändert nach „Physik für Mediziner, Biologen, Pharmazeuten", 2000)

„Das Sehen ist der bedeutendste Sinn, über den wir verfügen." (www.auge-online.de) Mit keinem anderen Sinnesorgan kann der Mensch so viele Informationen in so kurzer Zeit aufnehmen. Man schätzt, dass 70% aller für den Menschen wichtigen Informationen durch das Sehsystem aufgenommen werden. Insbesondere in der heutigen visuell ausgerichteten Gesellschaft ist die Bedeutung eher noch höher anzusetzen. Ein Auge wiegt etwa 7,5 g und ist kugelförmig. Bei erwachsenen Menschen hat es einen mittleren Durchmesser von ca. 2,3 cm und ein Volumen von etwa 6,5 cm^3. Die Iris, die wie eine Blende den Lichteinfall ins Auge regelt, und die Netzhaut müssen einen Helligkeitsunterschied von 1 zu einer Milliarde bewältigen können. So groß ist nämlich der Helligkeitsunterschied zwischen einer Neumondnacht und gleißendem Sonnenlicht. Im Bereich der etwa 1,5 mm großen Fovea (der Punkt des schärfsten Sehens in der Mitte der Netzhaut) besteht die maximale Sehschärfe des Auges. Hier befinden sich 147000 Zapfen (Photorezeptoren) pro mm^2. Der ohne Augenbewegung sichtbare Bereich, das

Gesichtsfeld, beträgt je nach Alter 174 bis 138 Grad. „Das optische System des Auges besteht im Wesentlichen aus der Hornhaut mit einer Brechkraft von 43 Dioptrien und der Linse mit einer variablen Brechkraft von 19-33 Dioptrien." (www.auge-online.de) Die Brechkraft der Linse nimmt mit dem Alter ab, d.h. dass der nächste Punkt den man scharf erkennen kann, immer weiter wegrückt. „Mit 10-19 Jahren liegt er noch bei 7cm vor dem Auge, mit 40-49 Jahren bei 22cm und mit 60-69 Jahren bei 100 cm." (www.auge-online.de) Dies gilt selbstverständlich nur für ein normalsichtiges Auge. Täglich wird im Auge ca. 1 g Tränenflüssigkeit produziert. Bei Erwachsenen werden 38mg/Stunde und bei Kindern 84mg/Stunde ausgeschieden. „Der Druck im Inneren des Auges beträgt 12-21mmHg (mm Quecksilbersäule). Zum Vergleich: Der Blutdruck schwankt zwischen 80 und 140mmHg." (www.auge-online.de)

Physikalische Grundlagen der optischen Abbildung: Reflexion und Brechung

Trifft ein Lichtstrahl auf ein lichtdurchlässiges Medium, wird er zum Teil reflektiert und tritt zum Teil in das Medium ein. Ein Lichtstrahl wird beim Übergang von z.B. Luft zu Wasser sowohl reflektiert als auch gebrochen. Der Ausfallwinkel des reflektierten Strahls ist dabei gleich dem Einfallwinkel des einfallenden Strahls (gemessen an dem Einfallslot N).

Reflexionsgesetz: Der Reflexionswinkel ist gleich dem Einfallwinkel, wenn eine Welle an einer Grenzfläche zu einem anderen Medium reflektiert wird: $\alpha = \alpha'$.
Beim Eintritt des Strahls in das Wasser wird der Strahl in seiner Richtung abgelenkt. Er wird zum Einfallslot hin gebrochen.
Brechungsgesetz: Zwischen dem Einfallwinkel α und dem Brechungswinkel β gilt folgende Beziehung, wenn ein Lichtstrahl aus einem Medium mit der Ausbreitungsgeschwindigkeit c_1 in ein Medium mit der Ausbreitungsgeschwindigkeit c_2 übertritt: $\sin \alpha / \sin \beta = c_1/c_2$. Dabei werden die Winkel stets gegen das Einfallslot gerechnet. In der Optik wird zur Beschreibung der Brechung der Brechungsindex (n) eines Mediums benutzt. Dieser ist definiert als das Verhältnis der Lichtgeschwindigkeit im Vakuum (c_0) zur Lichtgeschwindigkeit in dem betreffenden Medium (c_x): $n_x/n_0 = c_0/c_x$. c_x kann nie größer sein als c_0, das heißt n ist stets größer als 1. Es gilt stets die Beziehung: $c = \lambda \cdot f$, wobei c die Ausbreitungsgeschwindigkeit, λ

die Wellenlänge und f die Frequenz des Lichts ist. Daraus erhält man für das Verhältnis der Wellenlängen in zwei verschiedenen Stoffen mit den Brechungsindices n_1 und n_2 die Gleichung: $n_1/n_2 = \lambda_2/\lambda_1$. Die Wellenlängen in zwei unterschiedlichen Stoffen verhalten sich umgekehrt wie die Brechungsindices.

Snelliussches Brechungsgesetz: Dieses Gesetz stellt eine Beziehung zwischen dem Brechungsindex und der Größe des Brechungswinkels her: Wenn ein Lichtstrahl aus einem Medium mit dem Brechungsindex n_1 in ein Medium mit dem Brechungsindex n_2 übertritt, gilt für den Zusammenhang zwischen Einfallswinkel und Brechungswinkel folgendes: $\sin\alpha/\sin\beta = n_2/n_1$. Je größer das Verhältnis von n_2 zu n_1 ist, desto kleiner wird der Winkel β. Läuft also ein Lichtstrahl vom Medium mit dem kleineren Brechungsindex in ein Medium mit dem größeren Brechungsindex, wird der Winkel β zum Einfallslot hin gebrochen.

Abbildung mit Linsen

Die Betrachtung der Brechung von Licht an gekrümmten Grenzflächen, der Gesetze, nach denen die optische Abbildung erfolgt und der Konstruktion von Bildern und Strahlengängen bei der Brechung von Licht durch Linsen ist Vorraussetzung für das Verständnis der Funktionsweise des menschlichen Auges.

Abbildung durch brechende Flächen

Die von jedem Gegenstandspunkt G divergent ausgehenden Lichtstrahlen müssen so konvergent gemacht werden, dass sie sich alle im so genannten Bildpunkt B wieder schneiden, damit ein Gegenstand abgebildet wird (siehe Abb. 1). Bei der Brechung an der Grenzfläche zweier durchsichtiger Medien, wie in der Abbildung, müssen die Strahlen 1 und 5 stärker gebrochen werden als die Strahlen 2 und 4 Strahl 3 hingegen soll nicht abgelenkt werden. Dem Brechungsgesetz zufolge ist die Brechung umso stärker, je schräger ein Lichtstrahl auf eine Grenzfläche trifft. Aufgrund der Umkehrbarkeit von Lichtwegen kann man die Punkte B und G auch vertauschen. Der Gegenstand G liegt dann im optisch dichteren Medium 2. Um die Lichtstrahlen dann im Bildpunkt B zu sammeln, der im Medium 1 liegt, ist eine konkav gekrümmte sphärische Kugelfläche nötig. Um den Vorgang der Abbildung im Auge verstehen zu können, ist dieser Fall wichtig, weil „der Hauptbeitrag zur Abbildung im

Auge von der Brechung an der gekrümmten Luft/Hornhaut-Grenzfläche herrührt".
(verändert nach „Physik für Mediziner, Biologen, Pharmazeuten", 2000)

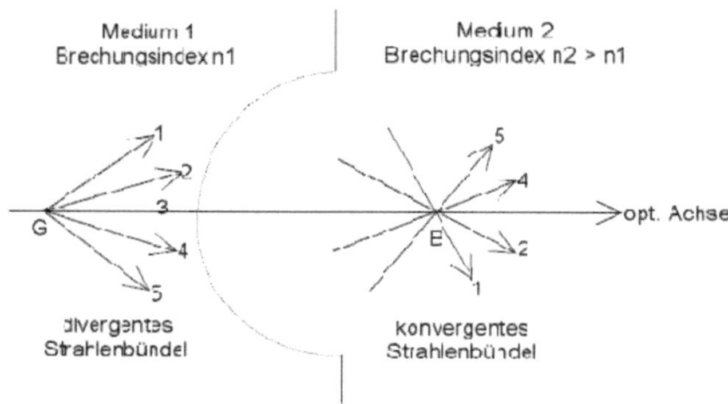

Abb. 1: Brechung von Licht an einer gekrümmten Grenzfläche (verändert nach „Physik für
Mediziner, Biologen, Pharmazeuten", 2000)

Die Abbildungsgleichung für eine brechende Fläche

Die Abbildungsgleichung beschreibt die Beziehung zwischen der Lage des
Gegenstandes und der des Bildes bei der Abbildung mittels einer sphärisch
gekrümmten Grenzfläche. Sie gilt für nahe der optischen Achse verlaufenden
Lichtstrahlen mit großer Genauigkeit. Der Abstand des Gegenstandspunktes G von
der brechenden sphärischen Fläche bezeichnet man mit a, den Abstand des
Bildpunktes mit b. Die Abbildungsgleichung für eine brechende Fläche ist:

$$\text{Gl. 1} \qquad n_1/a + n_2/b = n_2 - n_1/r,$$

wobei r der Krümmungsradius der sphärischen Grenzfläche und n_1 bzw. n_2 die
Brechungsindices der aneinandergrenzenden Stoffe sind. Reelle Bilder treten hinter
der brechenden Fläche auf (Transmissionsseite). Virtuelle Bilder treten vor der
brechenden Fläche auf (Einfallsseite).

Die Abbildungsgleichung für eine Linse

Die folgende Abbildung zeigt den Strahlengang paralleler Lichtstrahlen, die auf eine durchsichtige Linse fallen. Der zentrale Strahl (die Hauptachse) geht ungebrochen durch die Linse. Je weiter die übrigen Strahlen von der Hauptachse entfernt sind, umso stärker werden sie gebrochen. Jeder Strahl wird zweimal gebrochen; zuerst beim Übergang von der Luft in das Glas, wobei die Brechung zum Lot stattfindet. Beim Übergang von Glas in Luft werden die Strahlen erneut, diesmal vom Lot weg, gebrochen. Im Brennpunkt F werden alle Strahlen fokussiert, d.h. in diesem Punkt werden achsenparallele Strahlen gebündelt.

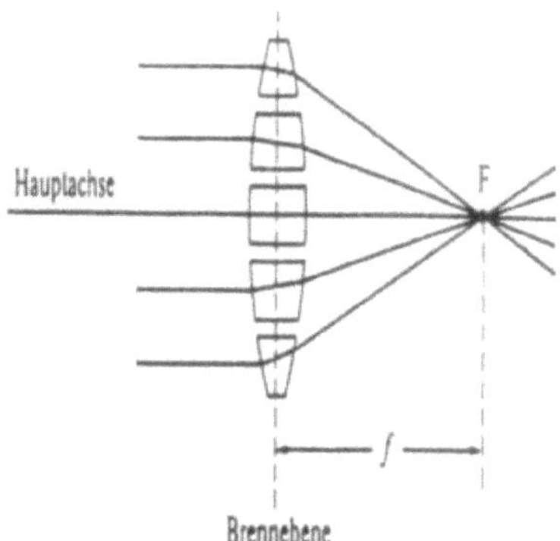

Abb. 2: Lichtbrechung an einer Linse mit dem Brennpunkt F und der Brennweite f. Die Linse ist schematisch in einzelne Prismen zerlegt, so dass die Lichtbrechung auf die Brechung im Prisma zurückgeführt werden kann. (Skript, 2000/2001)

Die Lichtstrahlen können ebenso von rechts auf die Linse treffen, was bedeutet, dass der Brennpunkt auf der linken Seite der Linse liegt. Eine Linse hat immer zwei Brennpunkte, die beide den gleichen Abstand von der Linse haben wenn beide Grenzflächen den gleichen Krümmungsradius haben. Die Brennweite f der Linse ist der Abstand des Brennpunktes von der brechenden Grenzfläche. Die Brechkraft (Brechwert) ist der Quotient aus Brechzahl und Brennweite $n/f = \varphi$. Die Einheit der Brechkraft ist Dioptrie (Dptr.). Misst man die Brennweite in m, erhält man die Brechkraft in Dioptrien: 1 Dptr. = 1 m^{-1}. Im folgenden Beispiel hat das die Linse umgebende Medium (im Normalfall Luft) die Brennweite n = 1. Wenn dann z.B. f =

0,25 m, dann hat die Linse eine Brechkraft von $\Phi = 1/f = 4\ m^{-1} = 4$ Dptr. (verändert nach Skript, 2000/2001)

Die Abbildungsgleichung für eine dünne Linse ($d \approx 0$):

$$\text{Gl. 2} \qquad 1/a + 1/b = 1/f_1 + 1/f_2 = 1/f$$

Dabei ist f_1 die gegenstandsseitige Brennweite der ersten brechenden Fläche und f_2 die bildseitige Brennweite der zweiten brechenden Fläche. Es werden also die beiden Einzelabbildungen an den zwei brechenden Flächen einer dünnen Linse zu einem einzigen Abbildungsvorgang mit der Brennweite f der Linse zusammengefasst. Aus den Abbildungsgleichungen ergeben sich das Verhältnis der Bildweite b und der Gegenstandsweite g sowie der Abbildungsmaßstab V:

$$\text{Gl. 3} \qquad 1/g + 1/b = 1/f$$
$$\text{Gl. 4} \qquad V = B/G = b/g,$$

wobei G und B die Größen des Gegenstandes bzw. des Bildes sind. Die folgende Abbildung zeigt, dass die Größe der Bilder von der Gegenstandsweite abhängt. In der dann folgenden Tabelle sind die Bildeigenschaften in Abhängigkeit von der Gegenstandsweite aufgeführt.

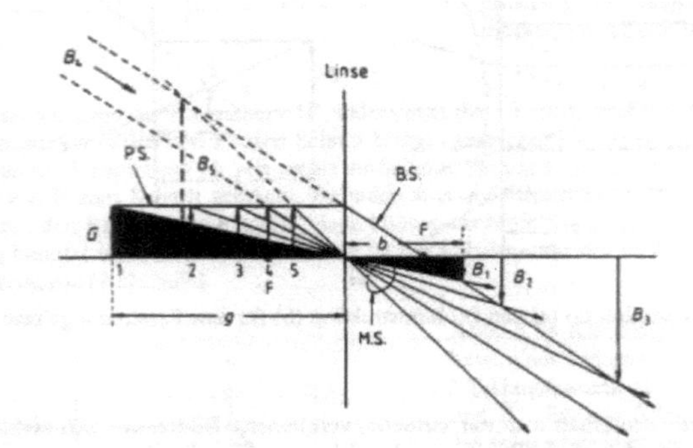

Abb. 3: Bildkonstruktion für einen Gegenstand G bei verschiedenen Gegenstandsweiten g. Es wurden jeweils derselbe Parallelstrahl und Mittelpunktsstrahl verwendet. (Skript, 2000/2001)

Tab. 1: Bildeigenschaften als Funktion der Gegenstandsweite in Bezug auf die fünf Fälle in Abbildung 3 (verändert nach Skript, 2000/2001)

Gegenstandsweite (bezogen auf die Brennweite)	Bildeigenschaften		
g > 2f	umgekehrt	reell	verkle nert
g = 2f	umgekehrt	reell	unverä ndert
f < g < 2f	umgekehrt	reell	vergrößert
g = 1	Bild entsteht im Unendlichen		
g < f	aufrecht	virtuell	Vergrößert

Klassifizierung von Linsen

„Unterschieden werden Sammellinsen, bei denen parallel auf die Linse treffende Strahlen im reellen Brennpunkt hinter der Linse gesammelt werden, und Zerstreuungslinsen, die parallel auftreffende Strahlen divergent machen, so dass der Brennpunkt virtuell ist und vor der Linse liegt." („Physik für Mediziner, Biologen, Pharmazeuten", 2000)

Sammel- und Zerstreuungslinsen können verschiedene Formen der brechenden Flächen haben. Die nächsten beiden Abbildungen zeigen diese Formen.

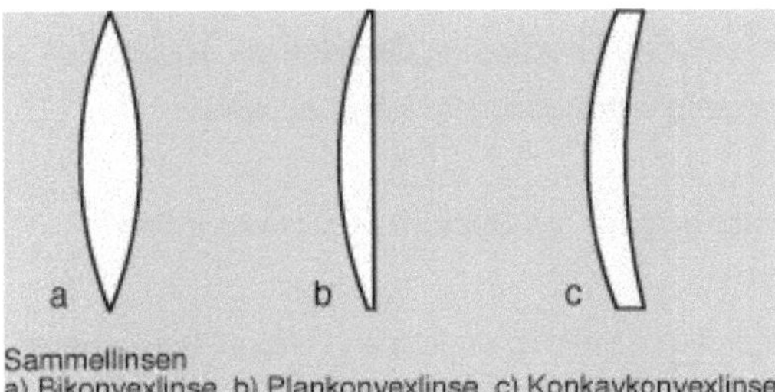

Abb. 4: Formen von Sammellinsen (www.m-ww.de)

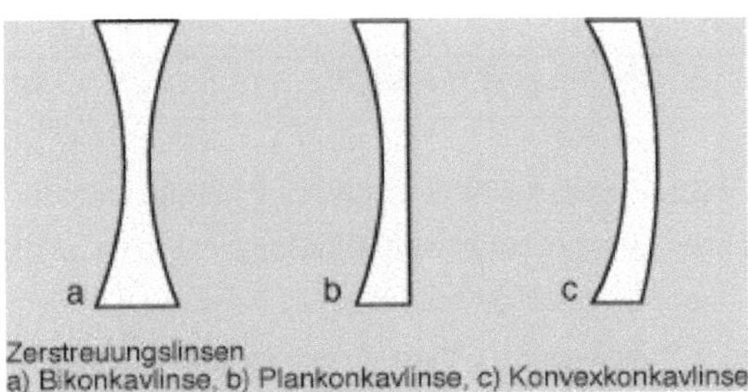

Abb. 5: Formen von Zerstreuungslinsen (www.m-ww.de)

Die Brennweite hängt mit den Krümmungsradien r_1 und r_2 der beiden Linsenflächen
wie folgt zusammen:

$$Gl.\ 5 \qquad 1/f = n_2 - n_1/n_1\ (1/r_1 - 1/r_2)$$

Die Brechungsindices der aneinandergrenzenden Stoffe werden als n_1 und n_2
bezeichnet.

Berücksichtigt man die Vorzeichen der Krümmungsradien, erhält man aus dieser
Gleichung positive Brennweiten ($f > 0$) für Sammellinsen und negative Brennweiten ($f
< 0$) für Zerstreuungslinsen, welche stets virtuelle Bilder liefern. Ein virtuelles Bild
kann man mit dem Auge beobachten, es aber nicht auf einem Schirm auffangen. Aus
der Gleichung 2 wissen wir, dass bei Zerstreuungslinsen die Bildweiten b negativ
sind. Die Bilder liegen vor der Linse, weil b von der Linse aus gemessen wird. Ein
virtuelles Bild ist ein Bild, das nur durch geometrische Konstruktion des
Strahlenganges entsteht, also ein scheinbares Bild.

Die Beiträge der beiden Grenzflächen addieren sich bei Bikonvex- und Bikonkav-
Linsen zur Gesamtbrechkraft 1/f. Diese Linsenformen haben demnach die stärksten
Brechkräfte (die kürzesten Brennweiten). Für Brillengläser werden konkav-konvexe
bzw. konvex-konkave Formen bevorzugt, da diese gegenüber den bikonvexen und
bikonkaven Formen geringere Abbildungsfehler aufweisen.

Die Abbildungsgleichung für ein System aus zwei Linsen

Bei einer einzelnen Linse mit zwei brechenden Flächen kombinieren sich die
Abbildungen der beiden brechenden Flächen so zur Gesamtabbildung, dass sich die
Brechkräfte addieren. d ist die Dicke der Linse.

$$Gl.\ 6 \qquad n_1/n_2 * d = 1/(1/f_1 - 1/a) + 1/(1/f_2 - 1/b)$$

Analog zu dieser Gleichung gilt die Addition der Brechkräfte auch für zwei oder
mehrere hintereinander geschaltete Linsen. Ein Beispiel hierfür ist die Korrektur des
Auges mittels Sehhilfen. Ordnet man zwei dünne Linsen mit den Brennweiten f_1 und
f_2 hintereinander an (Linsensystem, Objektiv), gilt die Abbildungsgleichung (Gl. 2).

Die aus beiden Linsen resultierende Brennweite f berechnet man mit folgender
Formel:

$$\text{Gl. 7} \qquad 1/f = 1/f_1 + 1/f_2$$

Die Gesamtbrechkraft resultiert also aus den addierten Einzelbrechkräften.
Dies wird in einem einfachen Versuch deutlich: legt man die Brille einer kurzsichtigen
Person mit -3 Dptr. und die Brille einer übersichtigen Person mit +3 Dptr.
aufeinander, kompensieren sich die Brechkräfte und sind gleich Null. Vorraussetzung
hierfür ist jedoch, dass der Abstand D der beiden Linsen gegenüber f_1 und f_2 klein ist.
Ist dies nicht der Fall, gilt eine andere Gleichung:

$$\text{Gl. 8} \qquad 1/f = 1/f_1 + 1/f_2 - D/f_1f_2$$

D ist variabel und man erhält ein einfaches Beispiel eines Linsensystems variabler
Brechkraft (Zoom-Objektiv). Die Gleichung 6 ist außerdem anzuwenden, wenn man
Brillen zur Korrektur fehlsichtiger Augen berechnen will. (verändert nach „Physik für
Mediziner, Biologen, Pharmazeuten", 2000)

Konstruktion von Strahlengängen

Eine optische Abbildung kann man mit der Konstruktion von Strahlengängen grafisch
darstellen. Es ist übersichtlich und trägt zum Verständnis eines optischen Aufbaus
bei, wenn man den optischen Strahlengang (mit bestimmten Symbolen) heranzieht.
Damit man diesen übersichtlich zeichnen kann, wählt man aus dem Bündel der
divergent vom Gegenstand ausgehenden Lichtstrahlen nur einige bestimmte aus.
Von einem Punkt des Gegenstandes zeichnet man dann solche Strahlen, deren
Verlauf bekannt ist. Der Schnittpunkt dieser Strahlen ergibt den zugehörigen
Bildpunkt.

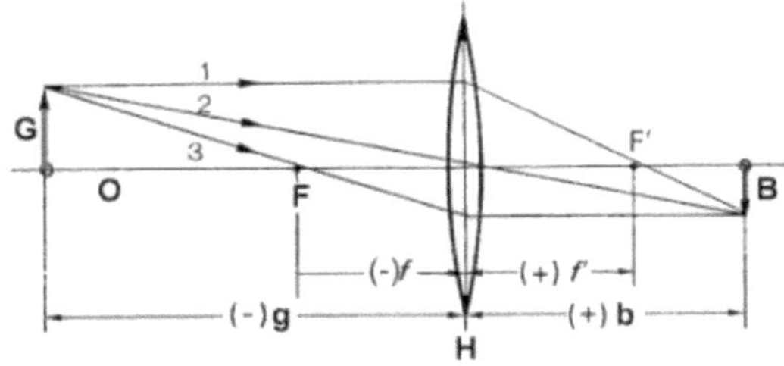

Abb. 6: Konstruktion von Strahlengängen an der Sammellinse (www.physik.fu-berlin.de)

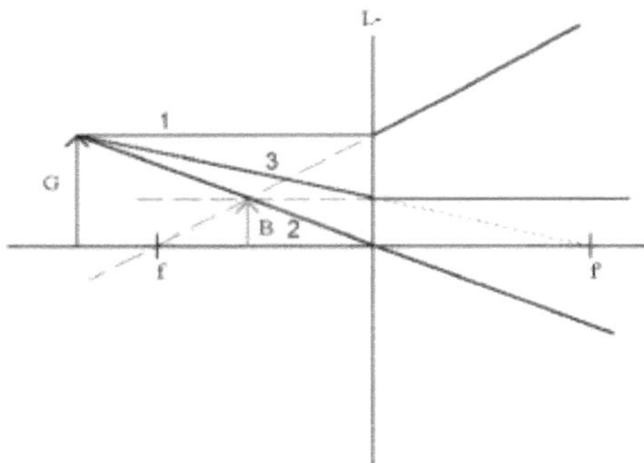

Abb. 7: Konstruktion von Strahlengängen an der Zerstreuungslinse (www.15bit.de)

Einige ausgewählte Strahlen sind in dieser Abbildung für ein reelles Bild einer Sammellinse und für ein virtuelles Bild einer Zerstreuungslinse gezeichnet worden: der Parallelstrahl (1), der vom Gegenstandspunkt parallel zur optischen Achse verläuft, der Mittelpunktsstrahl (2), der durch den Durchstoßpunkt der optischen Achse geht und der Brennstrahl (3), der durch einen Brennpunkt verläuft.

Die Abbildungsmöglichkeiten lassen sich auch als so genanntes Abbildungsdiagramm zusammenfassen, welches man als graphische Darstellung der Abbildungsgleichung auffassen kann.

10

Abbildungsfehler

Optische Abbildungen mit Linsen enthalten viele Abbildungs-Fehlerquellen. Durch Korrekturlinsen können diese aber verringert werden. Ein gutes Photoobjektiv enthält z.B. etwa 10 Linsen anstatt einer Einzellinse.

Der so genannte Astigmatismus (Brennpunktlosigkeit oder Stabsichtigkeit) nichtsphärischer Linsen tritt oft als Fehler des Auges auf (verändert nach http://humanvision.ch). Zu diesem Bildfehler kommt es, wenn eine Linsenfläche nicht kugelförmig sondern oval ist, was bedeutet, dass die Linse in zwei zueinander senkrechten Ebenen verschiedene Krümmungsradien hat und somit nach Gleichung 5 verschiedene Brennweiten. Ein einfallendes paralleles Strahlenbündel wird somit in verschiedenen Abständen in zwei zueinander senkrechte Striche abgebildet. „Von einem Quadrat [...] werden dann z.B. in einer Bildweite nur die senkrechten, in einer anderen nur die waagerechten Seiten scharf abgebildet." („Physik für Mediziner, Biologen, Pharmazeuten", 2000) Dazwischen liegende Bilder sind unscharf. Außerdem sind astigmatische Bilder verzerrt, so dass aus einem Quadrat ein Rechteck wird usw.

Beim Astigmatismus sphärischer Linsen entsteht ein Abbildungsfehler so: Fällt ein Lichtbündel schräg auf eine sphärisch gekrümmte Linsenfläche, so sind in zwei zueinander senkrechten Einfallsebenen die Krümmungsradien ebenfalls verschieden.

Ein weiterer Abbildungsfehler ist der Öffnungsfehler. Dieser tritt bei mäßigen und großen Öffnungswinkeln ($> 5^0$) auf. Bei einer Sammellinse ergibt das Brechungsgesetz für achsferne Strahlen einen Bildpunkt, der näher an der Linse liegt als für achsnahe Strahlen. Unterteilt man die gesamte Brechung in mehrere Schritte jeweils geringerer Brechung, d.h. verwendet man mehrere Linsen, so werden die Einfallswinkel auf die einzelnen Linsenoberflächen auch für achsferne Strahlen klein. So lässt sich dieser Abbildungsfehler verkleinern.

Die Bildfeldwölbung entsteht dadurch, dass bei einfachen Linsen das Bild einer Gegenstandsebene nicht exakt in einer Ebene, sondern auf einer gekrümmten Bildfläche liegt. Durch bestimmte Linsensysteme, so genannte Aplanate, lässt sich das Bildfeld ebnen. „Beim Auge wird dieser Fehler durch die Krümmung der Netzhaut, [...], ausgeglichen." („Physik für Mediziner, Biologen, Pharmazeuten", 2000)

Weitere Abbildungsfehler, auf die hier nicht näher eingegangen wird, sind z.B. der Farb- oder chromatische Fehler und die Verzeichnung.

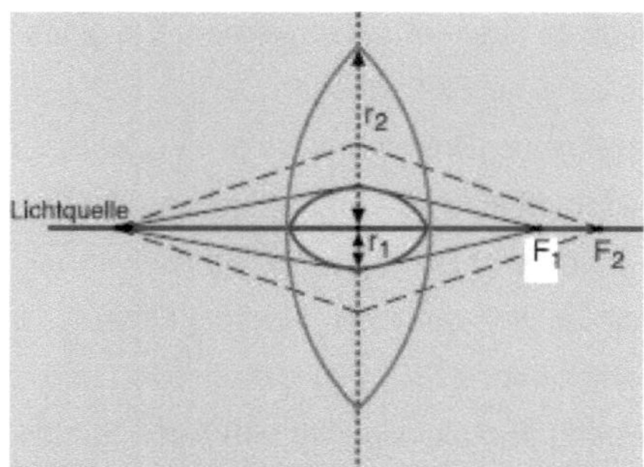

Abb. 8: Astigmatismus: Eine Sammellinse mit zwei verschiedenen zueinander senkrecht stehenden Krümmungsradien (r2> r 1) bricht Licht, das von einem Punkt ausgeht so, dass sich zwei Brennpunkte ergeben. (www.m-ww.de)

Aufbau des menschlichen Auges

Die Augenhöhle enthält das Auge, den Sehnerv und die Muskeln, die das Auge bewegen. Muskeln setzen am Auge an, ziehen nach hinten in die Augenhöhle und bewegen das Auge. „Sind sie oder ihre Steuerung (Nerven, Gehirn) nicht in Ordnung kommt es zum Schielen." (www.auge-online.de) Der Sehnerv (Nervus opticus) beginnt hinten am Auge. Er zieht zum Sehzentrum im Gehirn und gibt die Sehinformationen aus der Netzhaut weiter. Wird der N. opticus beschädigt, kommt es zu teilweiser oder völliger Blindheit. Die Lider schützen das Auge vor Verletzungen. Verschiedene Drüsen im Lidbereich bilden Tränenflüssigkeit, die Nähr- und Abwehrstoffe transportiert. Die Tränen spülen Fremdkörper von der Augenoberfläche und fließen über die Tränenkanäle in die Nase ab. Der dünne Flüssigkeitsfilm schützt außerdem die Cornea vor dem Austrocknen. (verändert nach Klinke/Silbernagl, 2001) Die Bindehaut ist eine Schleimhaut, die den Augapfel und die Lidinnenseite überzieht. Sie ermöglicht ein gutes Gleiten der Lider und ist für die Immunabwehr zuständig. Die Hornhaut (Cornea) ist ein „klares Fenster zum Auge" (www.auge-online.de), d.h. sie lässt Licht ins Auge hinein. Die feste weiße Hülle des Auges nennt man Lederhaut (Sklera). Die Pupille ist die Öffnung in der Iris (auch Regenbogenhaut genannt). Durch sie kann Licht in das Innere des Auges gelangen. „Die Iris ist somit eine farbige Blende für das Auge. Sie zieht sich bei Helligkeit zusammen (Pupille wird enger) und dämpft den Lichteinfall." (www.auge-online.de) Die Pupille wirkt also als variable Blende, verringert außerdem Abbildungsfehler und reguliert den Lichteinfall. (verändert nach Klinke/Silbernagl, 2001) Die vordere Augenkammer ist der Raum zwischen Iris und Hornhaut. Dieser Raum enthält eine Flüssigkeit, die die Hornhaut ernährt. Die Linse befindet sich hinter der Pupille und ist verformbar. Hinter der Iris befindet sich der so genannte Ziliarkörper. „Dort wird die Augenflüssigkeit, die durch den Kammerwinkel abfließt, ständig neu gebildet." (www.auge-online.de) Ziliarmuskeln und Zonulafasern verformen durch den Wechsel von Kontraktion und Entspannung die Linse und ermöglichen so die Fokussierung von Gegenständen (Akkomodation) auf der Netzhaut (Retina). Der geleeartige Glaskörper füllt den hinteren Teil des Auges aus. Er schützt und stützt die Retina. Die Retina ist die lichtempfindliche Innenauskleidung des Auges. Sie besteht aus einem lichtempfindlichen (Pars optica) und einem blinden (Pars ciliaris und iridica) Teil und enthält Sinneszellen (Photorezeptoren), Nerven- und Stützzellen. Die lichtempfindlicheren Stäbchen sind für das Schwarz/Weiß-Sehen zuständig, die Zapfen hingegen für das Farbensehen. Die größte Zapfendichte findet man in der Fovea centralis (Sehzentrum), während hier keine Stäbchen zu finden sind. Zapfen sind für das Sehen am Tag zuständig (das photopische Sehen). Die beim Dämmerungs- und Nachtsehen - dem skotopischen Sehen - aktiven Stäbchen findet man stattdessen parafoveal. Die Fovea centralis ist die vertiefte zentrale Stelle des gelben Flecks (Macula lutea). „Der gelbe Fleck der Netzhaut des Auges ist die Stelle des schärfsten Sehens." (http://humanvision.ch) Die Aderhaut (Choroidea) ist die blutgefäßreichste Schicht des Auges. Die Form des Auges wird durch den Augeninnendruck aufrechterhalten. Dieser Druck wird bestimmt durch die Produktion und den Abfluss vom Kammerwasser. (verändert nach Kükenthal, 2002)

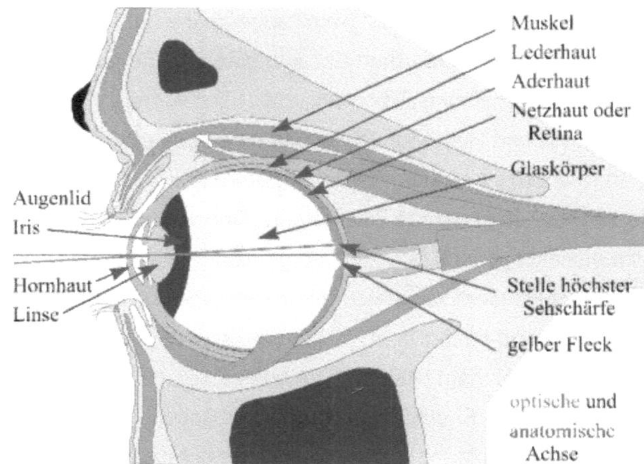

Abb. 9: Übersicht über die wichtigsten Teile des menschlichen Auges (www.uni-regensburg.de)

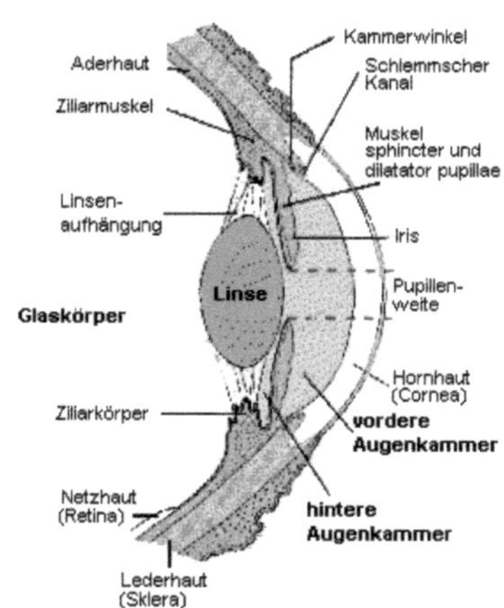

Abb. 10: Weitere wichtige Teile des Auges (http://mathsrv.ku-eichstaett.de)

Der Vorgang des Sehens

Lichtstrahlen mit Wellenlängen von 400 bis 750 nm sind der „adäquate Reiz für die Photorezeption im Auge". (Klinke/Silbernagl, 2001) Dadurch, dass die Abbildung auf der Netzhaut zweidimensional ist, ist eine massive Parallelverarbeitung im nachgeschalteten Nervennetzwerk möglich.

Das Auge teilt sich in zwei funktionelle Untereinheiten auf: zum einen der physikalisch-optische Teil (dioptrischer Apparat), zum anderen die Rezeptorfläche der Netzhaut. Diese setzt den optischen Reiz in die Erregung neuronaler Elemente um (Transduktion).

Das Licht tritt durch die Cornea ins Auge ein. Über die vordere Augenkammer, die Linse und den Glaskörper erreicht das Licht schließlich die Netzhaut. Durch den dioptrischen Apparat entsteht im Auge ein verkleinertes, umgekehrtes Bild. Damit die Abbildung auf der Netzhaut scharf ist, muss die Abstimmung zwischen der Brechkraft der optischen Medien und den Abmessungen des Auges sehr genau sein. Ist der Augapfeldurchmesser nur 0,1 mm kleiner oder größer als er sein sollte, entsteht bereits ein Fehler, der durch korrigierende Linsen ausgeglichen werden muss.

Der dioptrische Apparat im menschlichen Auge ist ein zusammengesetztes optisches System. In ihm folgen mehrere Übergangsflächen zwischen brechenden Medien verschiedener Dichte n aufeinander. Um die Abbildung auf der Netzhaut dennoch leicht konstruieren zu können, kann man das komplexe System auf ein wassergefülltes System mit nur einer brechenden Oberfläche vereinfachen (mit n = 1,333 und einem Krümmungsradius von 5,5 mm). Dieses System bezeichnet man als so genanntes „reduziertes Auge".

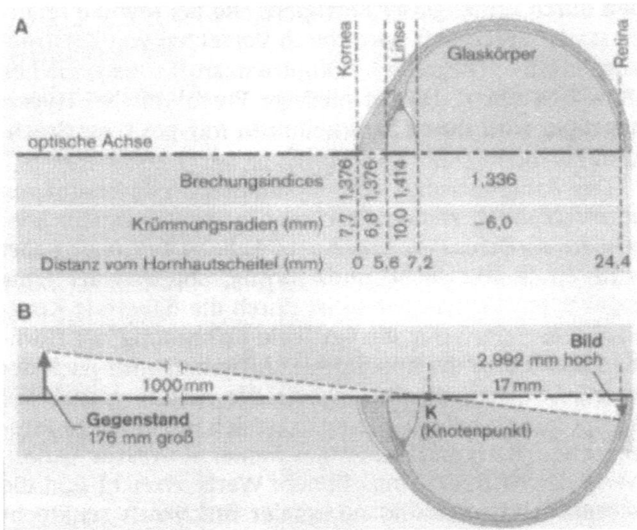

Abb. 11: Der optische Apparat des Auges (Vertikalschnitt). **A** Wichtige Maße und Werte des menschlichen Auges. **B** Konstruktion der Abbildung im reduzierten Auge (Klinke/Silbernagl, 2001)

Die Abbildungsfunktion im Auge

Vom grundsätzlichen Aufbau sind das menschliche Auge und der Photoapparat gleich. Es gibt ein Abbildungsobjektiv mit großem Einstellbereich und einen Detektor (Photoplatte bzw. Netzhaut). Die Abbildungsfunktion im Auge ist sehr komplex. Es findet, wie bereits erwähnt, ein mehrfacher Wechsel des optischen Mediums statt: Luft → Hornhaut (Cornea) → Augenkammer → Linse → Glaskörper → Netzhaut. Die nächste Abbildung zeigt den schematischen Aufbau mit einigen physikalischen Daten. „Die Abbildung ist durch eine dicke Linse zusammengefasst." (www.ubicampus.mh-hannover.de) Die Gesamtbrechkraft wird als Summe der Einzelbrechkräfte bestimmt. In diesem Sinn gibt es nur zwei Brechkräfte, da die Linse im Medium Kammerwasser schwimmt: $\varphi_{Auge}(\infty) = \varphi_{Hornhaut} + \varphi_{Linse} = 42,8$ dpt + 15,8 dpt = 58,6 dpt. Die Hornhaut wurde bei dieser Berechnung nicht berücksichtigt, da man annehmen kann, dass deren Brechungsindex etwa gleich dem des Kammerwassers ist. „Die angegebene Brechkraft der Linsen ist die für ein entspanntes Auge, also auf unendlich (∞) adaptiert." (www.ubicampus.mh-hannover.de) Den dioptrischen Apparat des Auges kann man als dicke Linse auffassen. Entsprechend kann man die Abbildung durch die Kardinalelemente, Hauptebenen (H und H') und Knotenpunkte (K und K'), wie in Abb. 12 angegeben, beschreiben. Auf der Augenseite ist die Brennweite f praktisch die Länge des Auges: f ' = n_G/φ_∞ = 22,8 mm. Die Brennweite f auf der Außenseite ist im Verhältnis der Brechungsindices von Luft und Kammerwasser verkürzt: 17,06 mm. Für ein scharfes Bild auf der Netzhaut braucht man nach der Abbildungsgleichung für nähere Objekte eine größere Brechkraft. Durch die Muskeln, die die Linse bewegen können, ergibt sich eine Variationsbreite von φ_{Linse} = 15,8 dpt bis 25 dpt (je nach Alter der Person). Aus der Abbildungsgleichung erhält man den Nahpunkt, auf den das Auge noch scharf stellen kann:

$n_{Luft}/\infty + n_G/b = \varphi_\infty$ und $n_{Luft}/a_{nah} + n_G/b = \varphi_\infty + \Delta_\varphi => n_{Luft}/a_{nah} = \Delta_\varphi => a_{nah} \approx 1/\Delta_\varphi$

„Ein Kleinkind ($\Delta\varphi$=14,2dpt) kann also noch im Abstand von 1/14,2 m = 7 cm scharf sehen, der Erwachsene nur noch etwa bis 1/4,2 m = 24 cm." (www.ubicampus.mh-hannover.de) Aus diesen Überlegungen kann man erkennen, dass die Länge des Bulbus (praktisch b in der Gleichung) „sehr kritisch in die Möglichke t des Scharfstellens eines Gegenstandes auf der Netzhaut eingeht." (www.ubicampus.mh-hannover.de) Dies wird später noch näher erläutert.

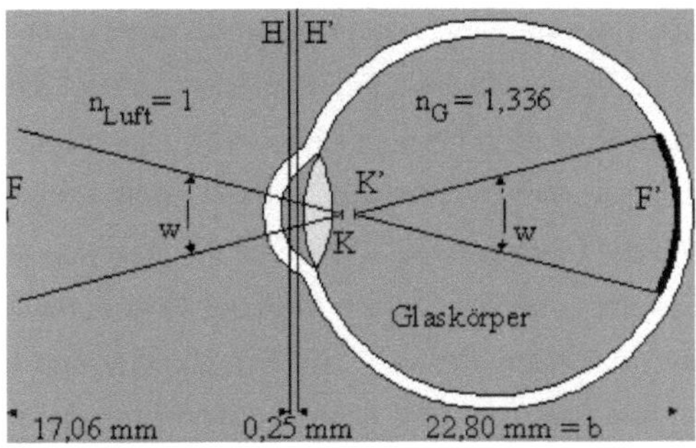

Abb. 12: Die Abbildungsfunktion im Auge

Akkomodation und der Pupillenreflex

Das Bild im Auge wird auf der Netzhaut entworfen. Somit liegt die Bildweite fest, d.h. dass scharfe Abbildungen von Gegenständen in unterschiedlichen Abständen nur so erzielt werden können, indem die Brechkraft der Linse verändert wird. Physikalisch ausgedrückt ist Gleichung 2 bei festem b nur dann zu erfüllen, wenn f_{Linse} für jedes a geeignet eingestellt wird. (verändert nach „Physik für Mediziner, Biologen, Pharmazeuten", 2000) Das geschieht so, dass der Krümmungsradius der Linse durch Verformung des elastischen Linsenkörpers verändert werden kann. Diese Fokussierung von Gegenständen auf der Retina nennt man Akkomodation. Ohne äußere Zugkräfte nimmt die elastische Linse eine eher kugelförmige Gestalt an. Am Linsenäquator setzen die Zonulafasern an, die indirekt an der Sklera aufgehängt sind. Durch den Augeninnendruck wird die Sklera gespannt. Somit sind auch die Zonulafasern gespannt, wodurch die Linse abgeflacht wird. Diesen Zustand nennt man Fernakkomodation. Über den Ciliarmuskel wird die Aufhängung der Zonulafasern an der Sklera vermittelt. Wenn der Ciliarmuskel kontrahiert, „bildet er einen ringförmigen Wulst". (Klinke/Silbernagl, 2001) Dadurch entspannen die Zonulafasern und die Linsenkrümmung nimmt zu. Dieser Zustand wird als Nahakkomodation bezeichnet. Ein Gegenstand, der sich im Nahpunkt befindet, wird bei maximaler Nahakkomodation scharf abgebildet. In diesem Zustand wird die Brechkraft der Linse nach Gleichung 5 $1/f_{Linse}$ größer. Der Fernpunkt (beim normalsichtigen Auge im Unendlichen) und der Nahpunkt kennzeichnen den Akkomodationsbereich. Bei Jugendlichen liegt der Nahpunkt in $s_N = 10$ cm Entfernung. Je älter ein Mensch wird, desto weiter rückt der Nahpunkt weg, weil der Ciliarmuskel erschlafft. Bei einer 60jährigen Person beispielsweise liegt er im Mittel bei $s_N \approx 200$ cm. Wird die Linse um etwa 0,5 mm dicker, genügt dies, um den Entfernungsbereich von Unendlich bis zum Nahpunkt zu überstreichen. (verändert nach „Physik für Mediziner, Biologen, Pharmazeuten", 2000) Dabei verändert sich der Krümmungsradius der Linse von ca. 10 mm auf 5,3 mm, was eine Zunahme der Brechkraft um etwa 14 dpt zur Folge hat. Als Maß der Akkomodationsfähigkeit definiert man aus den Abständen von Nah- und Fernpunkt s_N und s_F die Akkomodationsbreite $X = 1/s_N - 1/s_F$. Die Akkomodationsbreite kennzeichnet die Korrekturmöglichkeiten bei Fehlsichtigkeit durch Brillen oder Kontaktlinsen. Bei Refraktionsanomalien gibt es verschiedene Lagen des Nah- und Fernpunktes. Dies verändert den Akkomodationsbereich, aber nicht die Akkomodationsbreite.

Die Blendenöffnung in der Iris ist die Pupille. Bei Zunahme der Helligkeit verkleinert sich die Pupille, so dass die Leuchtdichte auf der Netzhaut nicht größer oder kleiner wird. Durch diesen Pupillenreflex bietet sich ein schneller Schutz vor Blendung, da

die Verkleinerung schon nach 0,2 bis 0,5 s eintritt. „Die ins Auge eintretende
Lichtmenge hängt linear von der Pupillenfläche (πr^2) und damit quadratisch vom
Radius ab." (Klinke/Silbernagl, 2001) Wird der Pupillendurchmesser z.B. von 7,5 auf
1,5 mm verringert, nimmt die Menge des einfallenden Lichtes um den Faktor 25 ab.
Wird nur ein Auge beleuchtet, verengt sich nicht nur die Pupille dieses Auges (direkte
Lichtreaktion), sondern auch die des anderen Auges (konsensuelle Lichtreaktion).
Die Weite der Pupillen verringert sich auch bei der Naheinstellungsreaktion, d.h. dass
die Nahakkomodation mit einer Pupillenverengung gekoppelt ist. Die geringere
Pupillenweite bedingt dabei eine Erhöhung der Tiefenschärfe. Die für den
Pupillenreflex wichtigen Rezeptoren sind die Photorezeptoren der Retina. Die
Pupillenreaktion spielt eine wichtige klinische Rolle bei der objektiven Prüfung der
afferenten (zum Gehirn führenden) Leitung im ersten Abschnitt der Sehbahn vom
Auge bis zum Zwischenhirn. Außerdem ist er wichtig für die Beurteilung von
Narkosestadien oder der Tiefe einer Bewusstlosigkeit. Ein alarmierendes Zeichen
sind weite, reflexlose Pupillen.

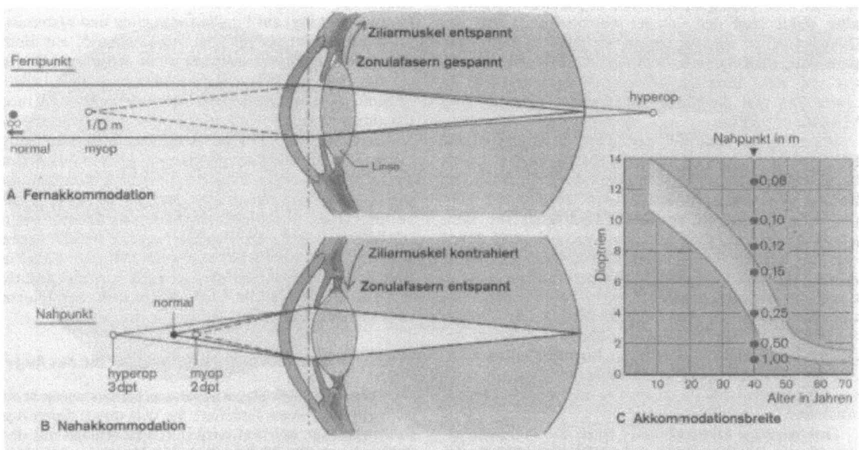

Abb. 24.5 **Mechanismus der Nah- und Fernakkommodation und Altersabhängigkeit der Akkommodationsbreite.**
A Fernakkommodation mit Strahlengang für einen Normalsichtigen (schwarz), für einen um D (dpt) Myopen (vor der
Hauptebene rote, unterbrochene Linie), für einen Hypermetropen („hyperop", rote durchgezogene Linie hinter der
Hauptebene). Fernpunkt beim Normalsichtigen im Unendlichen und beim Myopen 1/D m vor der vorderen Hauptebene.
Der Fernpunkt des Hypermetropen liegt „jenseits des Unendlichen", parallel einfallende Strahlen werden hinter der Netzhaut vereinigt. B Entsprechende Darstellung bei Nahakkom-
modation um 8 dpt. Die Nahpunkte liegen für Hypermetrope, Emmetrope und Myope bei gleicher Akkommodationsbreite in unterschiedlichen Entfernungen vor dem Auge (s.
Text). C Die Akkommodationsbreite in Dioptrien ist mit ihrer
Streubreite (grün) über dem Lebensalter aufgetragen. Die
entsprechenden Nahpunkte in m sind für den Normalsichtigen (oder vollständig korrigierten Fehlsichtigen) angegeben.

Abb. 13: Nah- und Fernakkomodation (Klinke/Silbernagl, 2001)

Fehler im optischen Apparat/Fehlsichtigkeiten und deren Korrektur

Der Grund für eine ungenaue, nicht punktförmige Abbildung im Auge sind optische
Abbildungsfehler bei der Bildentstehung im Auge. Wie bereits erwähnt, werden
Strahlen, die nahe der optischen Achse verlaufen, schwächer gebrochen als
achsferne Strahlen. „Dies führt zur sphärischen Aberration." (Klinke/Silbernagl, 2001)
Diese Aberration wird jedoch durch die Verkleinerung der Pupille verringert.
Kurzwelliges Licht wird stärker gebrochen als langwelliges, was eine Folge der
Abhängigkeit der Brechung von der Wellenlänge ist. Aufgrund dieser Tatsache
besteht die chromatische Aberration. Die Abbildung wird außerdem durch Beugung
an den Rändern der Pupille und Schatten von Glaskörpertrübungen verschlechtert.
Diese Schatten werden als „fliegende Mücken" wahrgenommen.
So genannte Refraktionsanomalien führen zu Abweichungen von der
Normalsichtigkeit (Emmetropie). Die häufigsten Anomalien sind die Myopie
(Kurzsichtigkeit), die Hypermetropie (Weitsichtigkeit) - zusammengefasst als
Ametropie - und der Astigmatismus. Bei der Kurz- und Weitsichtigkeit gibt es ein
Missverhältnis zwischen Bulbuslänge und Brennweite des dioptrischen Apparates.
Kurzsichtige Menschen haben einen im Verhältnis zu langen Bulbus. Die Bildebene
liegt vor der Netzhaut, was zu einem unscharfen Bild führt. Weitsichtige Menschen
haben einen zu kurzen Bulbus, so dass die Abbildung hinter der Netzhaut entsteht.
„Die Hypermetropie kann durch Erhöhung der Brechkraft des Auges selbst
(Nahakkomodation) kompensiert werden, deshalb kann der Hypermetrope – solange
seine Refraktionsanomalie kleiner als seine Akkomodationsbreite ist – ohne
Korrektur ferne Gegenstände scharf sehen." (Klinke/Silbernagl, 2001) Bei der Myopie
hingegen können nur sehr nahe liegende Gegenstände scharf abgebildet werden. In
der Ferne sieht der Kurzsichtige immer unscharf. Alle Refraktionsanomalien können
durch entsprechende Brillengläser korrigiert werden. Durch Vorsetzen von
Zerstreuungslinsen (negative Dioptrienzahl) wird die bei der Myopie zu starke
Brechkraft ausgeglichen. Bei der Hypermetropie muss die zu geringe Brechkraft
durch Sammellinsen mit positiver Dioptrienzahl korrigiert werden. Der Astigmatismus
beruht auf unterschiedlich starker Brechung in den verschiedenen Ebenen des
dioptrischen Apparates. Die vertikale Krümmung der Hornhaut ist im Normalfall
stärker als die horizontale („Astigmatismus nach der Regel"). (Klinke/Silbernagl,
2001) Sofern die Brechwerte der Achsen nicht um mehr als 0,5 dpt voneinander

abweichen, handelt es sich um einen physiologischen Astigmatismus, der nicht korrigiert werden muss, da dieser keinen Krankheitswert hat, d.h. dass normales Sehen möglich ist. Sind die Werte jedoch größer und die Achsen maximaler und minimaler Brechkraft stehen senkrecht zueinander, muss dieser Fehler durch zylindrische Korrekturlinsen behoben werden. Eine weitere Form des Astigmatismus ist die irreguläre Form. Diese ist in der Regel durch Verletzungen bedingt, die zu einer unregelmäßigen Corneaoberfläche geführt haben. Dieser Fehler kann nur durch Kontaktlinsen korrigiert werden, die eine gleichmäßige optische Oberfläche herstellen. Bei der Geburt ist das Auge zu klein (→ Hyperopie = Hypermetropie). Im Normalfall wird dieser Fehler jedoch während der frühkindlichen Entwicklung durch Wachstum des Bulbus ausgeglichen. Außer Wachstumsstörungen, die zur Hyperopie oder Myopie führen können, kann auch häufige, extreme Nahakkomodation bei Erwachsenen einen Wachstumsreiz darstellen. Dieser kann eine Myopie auslösen (z.B. Uhrmacher-Myopie).

Mit zunehmendem Alter verringert sich die Elastizität der Linse. Dabei verkleinert sich die Akkomodationsbreite bei Menschen über 40 Jahren auf unter 3 dpt. Der Nahpunkt liegt bei 33 cm oder weiter entfernt. Kleingedrucktes kann dann nicht mehr ohne Mühe gelesen werden. Diese Form der Fehlsichtigkeit nennt man Alterssichtigkeit (Presbyopie). Lesebrillen mit Sammellinsen unterstützen die Nahakkomodation und bringen den Nahpunkt wieder in den Bereich von 25 cm. (verändert nach Klinke/Silbernagl, 2001) Keratokonus ist „eine seltene Verformung der Hornhaut, die zunächst mit Brillen, dann nur noch mit speziellen Kontaktlinsen und in Spätstadien evtl. nur noch mit einer Hornhautverpflanzung ausgeglichen werden kann." (www.auge-online.de) Die Aphakie ist das Fehlen der natürlichen Linse im Auge nach Verletzung oder Operation. „Eine optische Korrektur kann durch Linsenimplantation, Kontaktlinsen oder Starglas vorgenommen werden." (http://humanvision.ch)

Wie bereits erwähnt, kann Fehlsichtigkeit durch entsprechende Brillen ausgeglichen werden. Mit der Gleichung 8 kann man die erforderliche Brechkraft einer Brille berechnen. Brillengläser werden in einem Abstand vor den Augen getragen, der eine ähnliche Größe wie die Brennweite der Augen hat. Daher ist D in dieser Berechnung nicht zu vernachlässigen, weshalb man die erforderliche Brechkraft auch nicht mit der Gleichung 7 berechnen kann. In der Praxis, d.h. beim Augenarzt oder Optiker, wird die passende Brille jedoch nicht berechnet, sondern durch Ausmessen bzw.

Probieren gesucht. (verändert nach „Physik für Mediziner, Biologen, Pharmazeuten",
2000) Die Linsenform für Brillen ist meistens konkav-konvex bzw. konvex-konkav,
weil dann die Bildfehler klein bleiben. So kann man gut sehen, auch wenn die
Lichtstrahlen aus randnahen Bereichen der Brille kommen und der Bulbus sich dreht.
Eine andere Korrekturmöglichkeit von Fehlsichtigkeit ist die Kontaktlinse, die direkt
auf der Hornhaut des Auges aufsitzt und dort durch Adhäsion haftet. Die für die
Abbildung wichtige gekrümmte Grenzfläche Luft/Hornhaut wird durch die Grenzfläche
Luft/Kontaktlinse ersetzt und die Krümmung der Kontaktlinse so gewählt, dass es zu
einer Korrektur der Fehlsichtigkeit kommt. Der Unterschied der Brechungsindices
zwischen dem Kontaktlinsenmaterial (Glas, Plastik) und der Hornhaut ist so gering,
dass der Beitrag der Grenzfläche Kontaktlinse/Hornhaut zur Abbildung sehr klein ist.

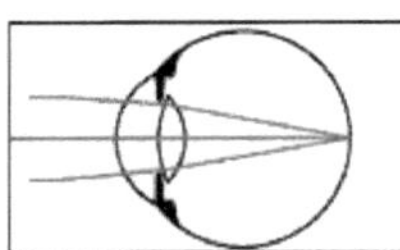

Abb. 14: Die Abbildung im normalsichtigen Auge (http://humanvision.ch)

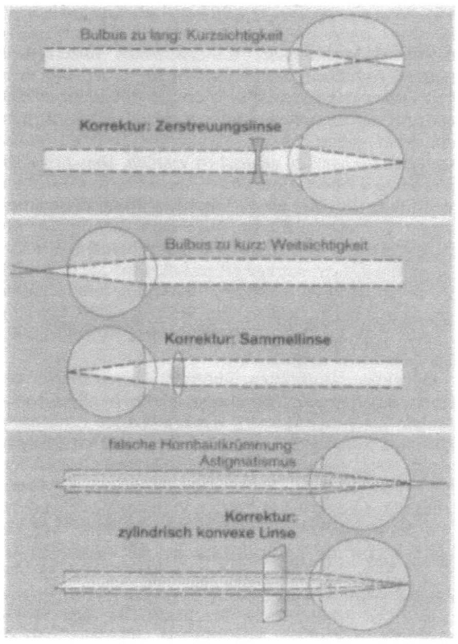

Abb. 15: Refraktionsanomalien und deren Korrektur (Klinke/Silbernagl, 2001)

Räumliches Sehen und Schielen

Die Tiefenwahrnehmung wird erst möglich durch verschiedene monokulare und
binokulare Mechanismen. Zur monokularen Tiefenwahrnehmung können u.a.
Verdeckung, geringere Farbsättigung, scheinbar geringere Größe und
perspektivische Verkleinerung genutzt werden. Die binokulare Tiefenwahrnehmung
funktioniert nur im Nahbereich, d.h. < 100 m. Sie beruht auf der Verrechnung der
horizontalen Bildunterschiede.

Die Grundlage des stereoskopischen Sehens sind die horizontalen Unterschiede der
Bilder, die beide Augen sehen. Diese beruhen auf dem Augenabstand (etwa 60 bis
70 mm). Bilder die über 100 m entfernt sind, sind auf beiden Netzhäuten als praktisch
gleich zu betrachten, weil Abweichungen zwischen den Bildern mit dem
Auflösungsvermögen der Netzhaut nicht mehr ausgewertet werden können.
(verändert nach Klinke/Silbernagl, 2001) Es gibt fünf Mechanismen der monokularen
Tiefenwahrnehmung: wird ein Gegenstand durch einen anderen zum Teil verdeckt,
kann man aus der Verdeckung schließen, dass dieser Gegenstand näher ist. Bewegt
ein Mensch sich relativ zu seiner Umwelt, verschieben sich Gegenstände, die nahe
sind schneller, als ferne Gegenstände (Bewegungsparallaxe). Eisenbahnschienen
und andere parallele Linien laufen in der Ferne zusammen. Gleich große
Gegenstände erscheinen, wenn sie weiter entfernt sind, kleiner (lineare und Größen-
Perspektive). „Aus dem Grad der Konvergenz und Verkleinerung schließen wir auf
die Entfernung." (Klinke/Silbernagl, 2001) Tiefeneindrücke werden auch durch die
Verteilung von Licht und Schatten erzeugt. Kennt man die Größe eines Objekts, z.B.
einer Person, kann man aus der scheinbaren Objektgröße die Entfernung
abschätzen. Die ersten beiden Punkte sind für die monokulare Tiefenwahrnehmung
am wichtigsten, weil sie nicht so sehr von der Erfahrung abhängen, wie die anderen
drei Mechanismen. Letztere können außerdem leicht zu Täuschungen führen.
Bei der Abbildung einer Szene auf den beiden Netzhäuten verschieben sich die
Bildpunkte seitlich. Auf dieser räumlichen Disparität beruht die binokulare
Tiefenwahrnehmung. In beiden Augen wird in der Fovea ein fixierter Punkt F
abgebildet.

Man nennt die beiden Abbildungspunkte auf den Netzhäuten beider Augen
korrespondierende Netzhautstellen, weil sie in beiden Augen den gleichen Ortswert

haben. Es wird also außer dem Punkt F eine bestimmte Klasse von Sehdingen auf korrespondierende Netzhautstellen abgebildet. Diese liegt auf einer geometrischen Figur im Raum, dem Horopter (H). Der Horopter verläuft durch den Punkt F und die beiden Knotenpunkte K der Augen (siehe Abb. 16). Der Radius des Horopters ist unterschiedlich, je nach der Entfernung des fixierten Punktes. Ist die horizontale Abweichung (Querdisparation) auf der Netzhaut nach temporal gerichtet, wird ein Gegenstand als näher im Vergleich zum Horopter gesehen. Als entfernter wird er gesehen, wenn die Querdisparation nach nasal gerichtet ist. „Die Schwelle der Querdisparation für die Tiefenwahrnehmung liegt bei 20 Winkelsekunden." (Klinke/Silbernagl, 2001) Im fovealen Bereich werden Querdisparationen von 12 bis 16 Winkelminuten zu einem Sinneseindruck verschmolzen. Dies geschieht durch den zentralen Mechanismus der Fusion. Weichen foveale Netzhautbilder weiter als 16 Winkelminuten voneinander ab, werden sie doppelt gesehen (Diplopie). Die Fusion ist zur Tiefenwahrnehmung jedoch nicht unbedingt notwendig. Der Bereich der Stereoskopie reicht über den Fusionsbereich in den Bereich des Doppeltsehens. Eine Fehlstellung der Sehachsen liegt beim Schielen vor. Wenn eine der Sehachsen vom fixierten Punkt abweicht, tritt das Schielen (Strabismus) auf. Es gibt drei Formen des Strabismus: das Einwärtsschielen (Esotropie, Strabismus convergens), das Auswärtsschielen (Exotropie, Strabismus divergens) und das Höhenschielen (Hypertropie → rechtes Auge höher, Hypotropie → rechtes Auge tiefer). Der Grund für ein akut auftretendes Schielen kann die Lähmung eines Augenmuskels sein. Wird einer Person die Fixationsmöglichkeit entzogen, z.B. durch getrennte Vorlagen für jedes Auge, tritt auch bei vielen gesunden Menschen ein latentes Schielen auf. Diese Fehlstellung wird aber durch den zentralen Mechanismus der Fusion korrigiert. Das latente Schielen kann jedoch bei extremer Müdigkeit oder nach dem Konsum von Alkohol manifest werden. (verändert nach Klinke/Silbernagl, 2001) Die Fusion sowie die binokulare Fixation sind dann aufgehoben. Subjektiv sieht man dann doppelt, objektiv kann man die Divergenz oder Konvergenz der Augen beobachten. Im ausgereiften Sehsystem von erwachsenen Menschen tritt beim Schielen also Doppeltsehen auf. Bei Kindern vor dem 5. Lebensjahr, also während der Entwicklung des Sehsystems, führt das Schielen zur Ausprägung eines dominanten Auges. Dadurch wird die Wahrnehmung des anderen Auges unterdrückt. Als Folge kann eine irreversible monokulare Sehschwäche entstehen, die man als Amblyopie bezeichnet.

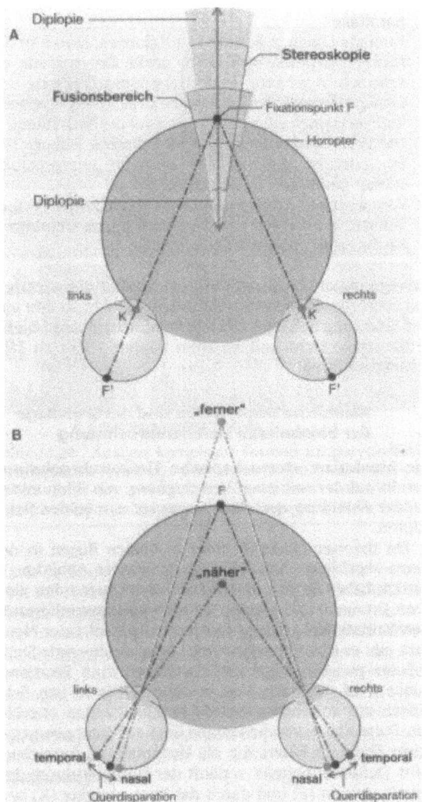

Abb. 16: Binokulare Tiefenwahrnehmung. A Bereiche des binokularen Tiefensehens. B Tiefenwahrnehmung durch Querdisparation (Klinke/Silbernagl, 2001)

Farbensehen und Farbensinnstörungen

Der menschliche Farbsinn, oder besser das Farbempfinden ist kein physikalisches Messsystem für Wellenlängen. Es kommt nämlich erst durch die neuronale Verarbeitung auf der Sehbahn zu Farbempfindungen.

Farbton, Sättigung und Helligkeit machen die Wahrnehmung von Farben aus. Den stärksten Einfluss hat dabei der Farbton. Psychophysisch können ca. 200 Farbtöne unterschieden werden. Die Farbsättigung zeigt an, ob und wie der Farbton durch Beimischung von Graustufen verdünnt wurde. Dabei werden 20 Sättigungsstufen unterschieden. Gemeinsam bestimmen der Farbton und die Farbsättigung die

Farbart. Etwa 500 Helligkeitsstufen können unterschieden werden. Beim achromatischen Sehen stehen nur diese 500 Stufen zur Verfügung, während beim Farbensehen zwei Millionen Unterscheidungsmöglichkeiten bestehen, weil Farbton, Helligkeit und Sättigung sich multiplikativ nutzen lassen.

Drei Zapfentypen in der Retina werden von Licht verschiedener Wellenlängen angeregt, d.h. es gibt Zapfen, die empfindlich für kurz-, mittel- und langwelliges Licht sind. Wellenlängen zwischen 400 und 750 nm fallen in den spektralen Empfindlichkeitsbereich des Auges. Diese Wellenlängen entsprechen den Farbempfindungen von blau, grün, gelb und rot. Kürzere, für das Auge nicht sichtbare Wellenlängen bezeichnet man als ultraviolett, längere als infrarot. Ultraviolette Strahlung kann sogar zu einer Trübung der Linse führen (Katarakt) und die Hornhaut schädigen, z.B. bei der „Schneeblindheit" im Hochgebirge. Infrarote Strahlung kann ebenso zu einer Linsentrübung führen, wie beim so genannten „Glasbläserstar". Die drei Zapfentypen, Blau-, Grün- und Rot-Zapfen besitzen verschiedene Photopigmente, und haben daher Absorptionsmaxima im kurz- (420 nm), mittel- (535 nm) und langwelligen (565 nm) Bereich. Die neuronale Verarbeitung von Licht verschiedener Wellenlängen ist die Grundlage für Farbempfindungen. Die peripheren Mechanismen des Farbsehens folgen der Theorie von Young, Helmholtz und Maxwell aus dem 19. Jahrhundert. Diese geht davon aus, dass „sich jede beliebige Farbe durch die additive Mischung von drei monochromatischen Lichtern erzeugen lässt." (Klinke/Silbernagl, 2001) Hering stellte dieser Theorie seine Gegenfarbentheorie gegenüber. Diese behauptet, dass drei Gegenfarbenpaare (rot und grün, blau und gelb, weiß und schwarz) sich jeweils gegenseitig hemmen und daher im Zusammenspiel ebenso alle Farben ergeben können. Die Verarbeitungsmechanismen zentraler Nervenzellen entsprechen dieser Theorie (Gegenfarbenneurone). Erst im Gehirn werden die Wellenlänge und die Helligkeit des Lichts in ein Farbempfinden umgesetzt. Die Wahrnehmung von Farben beruht auf der neuronalen Verarbeitung von Antworten der drei Zapfentypen auf unterschiedlich langwelliges Licht. Der Prozess der additiven Farbmischung ist eine Form physiologischer Farbmischung. Auf einem Ort der Retina interagieren Lichtreize verschiedener Wellenlängen bei dieser Form der Farbmischung. Beim Farbfernsehen zum Beispiel kann die Retina die einzelnen Farbpunkte nicht mehr auflösen (in der üblichen Entfernung der Person zum Fernseher). Indem sie zwei oder alle drei Zapfentypen unterschiedlich erregen, interagieren die Farbpunkte.

(verändert nach Klinke/Silbernagl, 2001; www.uni-regensburg.de)

Beim Mischen von Malerfarben liegt eine ganz andere Form der Farbmischung vor, die so genannte subtraktive Farbmischung, die auf rein physikalischen Grundlagen beruht. Die Farbpigmente der Malerfarben absorbieren Licht bestimmter Wellenlängen wie Filter, so dass lediglich die verbleibenden Wellenlängen auf das Auge treffen. Subtraktiv ergeben gelb und blau dann die Farbe grün. Das liegt daran, dass die Farbe ‚gelb' die kurzwelligen Teile und die Farbe ‚blau' die langwelliger Teile des weißen Lichts absorbiert. Durch die verbleibenden mittleren Wellenlängen entsteht der Farbeindruck grün, d.h. es bleibt nur grünes Licht übrig. In diesem Fall wirkt die Farbmischung vor dem Auftreffen des Lichtes auf die Netzhaut.

(verändert nach Klinke/Silbernagl, 2001; www.uni-regensburg.de; Zoologie, 1995)

Farbensinnstörungen gibt es in unterschiedlichen Formen. Fehlt zum Beispiel bei einem Menschen ein Zapfenpigment, ist er nicht völlig farbenblind. Auch mit nur zwei Zapfensystemen ist noch eine Farbwahrnehmung möglich. Man unterscheidet Rotblinde (Protanope, denen das langwellige Zapfenpigment fehlt), Grünblinde (Deuteranope, das Zapfenpigment für Licht mittlerer Wellenlängen fehlt) und Blauviolettblinde (Tritanope, denen das kurzwellige Zapfenpigment fehlt). Monochromaten sind vollständig farbenblind. Im typischen Fall fehlen hier alle Zapfenpigmente (Stäbchenmonochromasie). Betroffene Menschen können auch bei Tageslicht nur mit dem Stäbchensystem sehen, d.h. sie leiden außerdem wegen der empfindlicheren Stäbchen unter Blendung. In sehr seltenen Fällen fehlen nur zwei Zapfenpigmente, so dass das Sehen am Tag mit dem verbleibenden Zapfenpigment erfolgen kann. Außer der Farbenblindheit gibt es auch noch die Farbenschwäche, bei der eines der drei Farbpigmentsysteme schwächer ausgeprägt ist. Hier unterscheidet man Protanomale (rotschwach), Deuteranomale (grünschwach) und Tritanomale (blauviolettschwach). Weil die Sehfarbstoffe von Stäbchen und Zapfen eine ähnliche Grundstruktur haben, kann man davon ausgehen, dass sie von der gleichen Genfamilie codiert werden. Auf dem X-Chromosom befinden sich die Gene für das Opsin (bei mittel- und langwelligen Zapfen). Daher werden Farbsinnstörungen rezessiv-geschlechtsgebunden vererbt, was zur Folge hat, dass Störungen beispielsweise des Rot-Grün-Sehens bei Männern (8%) viel häufiger vorkommen als bei Frauen (0,4%). Triptanopie und Tritanomalie (1:100000) sowie Stäbchenmonochromasie (1:1 Million) sind äußerst selten. Mit Hilfe von pseudoisochromatischen Tests lassen sich Farbsinnstörungen leicht erfassen.

Pseudoisochromatische Tafeln, z.B. nach Ishihara, sind aus Punkten zusammengesetzt, die sich nur durch die Art der Farbe, aber nicht durch die Helligkeit unterscheiden lassen. Die Muster (meistens Zahlen) auf den Tafeln können von Menschen mit einer Farbsinnstörung daher nicht richtig erkannt werden. (verändert nach www.auge-online.de; Klinke/Silbernagl, 2001)

Von der physikalischen Optik her beurteilt, ist die Qualität der Abbildung im Auge nur mäßig. Erst die neuronale Weiterverarbeitung der Lichtreize im Gehirn macht das Auge zu einem fantastischen Sinnesorgan. Insgesamt gesehen ist das menschliche Auge mit seiner Anpassungsfähigkeit ein Sinnesorgan, das die von der Natur vorgegebenen physikalischen Gesetze tatsächlich optimal ausnutzt. Sehen zu können ist für die meisten Menschen völlig normal. Dabei ist bei näherer Betrachtung der Sehsinn gerade in der heutigen, visuell ausgerichteten Gesellschaft kaum wegzudenken.

Quellen

- Trautwein, Kreibig, Oberhausen, Hüttermann (2000), „Physik für Mediziner, Biologen, Pharmazeuten", 5., neu bearbeitete Auflage, de Gruyter Verlag Berlin
- Rainer Klinke, Stefan Silbernagl (2001), „Lehrbuch der Physiologie", 3., vollständig überarbeitete Auflage, Thieme Verlag Stuttgart
- Rüdiger Wehner, Walter Gehring (1995), „Zoologie", 23., neu bearbeitete Auflage, Thieme Verlag Stuttgart
- Volker Storch, Ulrich Welsch (2002), „Kükenthal – Zoologisches Praktikum", 24., neu bearbeitete Auflage, Spektrum Akademischer Verlag Heidelberg
- http://www.auge-online.de/, 25.8.2004
- http://www.ubicampus.mh-hannover.de/~physik/vorlesung/kap44/kap44.html, 10.9.2004
- http://pktw01.phy.tu-dresden.de/~spaan/biows0304/scripts/vl0601.pdf, 13.9.2004
- http://www.uni-regensburg.de/EDV/Misc/CompGrafik/Script_5.html, 13.9.2004
- http://humanvision.ch/fachbegriff_inhalt.html, 13.9.2004
- http://mathsrv.ku-eichstaett.de/MGF/homes/didphy/mmoptik/bilder/auge.gif, 22.9.2004
- http://www.m-ww.de/krankheiten/augenkrankheiten/aufb_funkt_aug.html, 22.9.2004
- http://www.physik.fu-berlin.de/~brewer/vm_geoptik.html, 23.9.2004
- http://www.15bit.de/, 23.9.2004
- Skript zur Vorlesung Physik für Studierende der Biologie, 2000/2001